SHUIDAO JIXIE

YOUXU PAOYANG ZAIPEI JISHU SHOUCE

水稻机械有序抛秧栽培技术手册

唐启源 等 编著

中国农业出版社

北 京

《水稻机械有序抛秧栽培技术手册》

编 著 者

唐启源　国家水稻产业技术体系　湖南农业大学

陈元伟　湖南农业大学

熊焰明　中联农业机械股份有限公司

马立欣　中联农业机械股份有限公司

彭洪巽　中联农业机械股份有限公司

王慰亲　湖南农业大学

郑华斌　湖南农业大学

第一作者简介

唐启源，博士，湖南农业大学二级教授，作物栽培学与耕作学专业博士生导师、硕士学位点领衔人，水稻栽培技术团队负责人。担任国家水稻产业技术体系长江中游稻区高产栽培与秸秆综合利用岗位专家，中国作物学会作物种子专业委员会副会长、作物栽培专业委员会水稻学组副组长、水稻专业委员会委员，湖南省再生稻技术首席专家，湖南省秸秆综合利用专家组成员。

2003 年 2 月至 2005 年 2 月，留学于国际水稻研究所（IRRI）；2010—2011 年，被联合国亚洲及太平洋经济社会委员会（ESCAP）聘为专家，在发展中国家开展杂交稻生产技术咨询与培训。先后从事过水稻育种、杂交水稻制种、作物栽培等方面教学科研工作。现从事水稻高产高效栽培、水稻机械化生产的农机农艺配套技术、再生稻高效生产技术等研究，致力于机插、机抛、机直播等水稻机械精量有序栽培及配套高活力种子生产技术的研发与应用。主持与承担国家 973 计划、国家 863 计划、国家自然科学基金、国家科技支撑计划、公益性农业行业科研专项、国家重点研发计划等科研项目与课题 20 余项，获得省部级科技进步奖一、二、三等奖 8 项，国家发明专利 6 项，在国内外学术期刊发表研究论文 160 余篇。

序

水稻生产在国民经济中占有举足轻重的地位。实现水稻生产全程机械化，是确保国家粮食安全、解决劳动力短缺、提高粮食生产效益、促进稻农增产增收、发展现代农业的有效途径。

湖南农业大学唐启源教授，多年来致力于水稻栽培技术研究，获得了多项科研成果。近年来，他率领国家水稻产业技术体系长江中游稻区高产栽培与秸秆综合利用岗位专家团队与中联农业机械股份有限公司开展水稻机械有序抛秧栽培技术研究，取得了重大突破，并在生产上推广应用，受到了各级政府及部门的高度重视和广大种稻新型经营主体的普遍欢迎。该项技术已成为湖南的主推技术并推向全国稻区，必将产生极大的经济效益和社会效益。

抛秧是水稻生产方式的一次革命，我主持的“水稻盘育抛栽适应性研究与应用推广”曾于2000年获得湖南省科学技术进步奖一等奖。水稻机械有序抛秧栽培，更是水稻抛秧生产上的一次重大技术革命。唐教授领衔的编著者团队设计制造出有序抛秧机，研究创制出与机抛相适应的育秧技术、抛植方法和种植模式，集成系统的水稻生产机械化技术体系，制定科学的技术操作规程。水稻机械有序抛秧栽培技术集中了机插秧、人工抛秧、机械无序抛栽的优点，解决了从人工抛秧到机械抛秧、从无序栽培到有序栽培的系列技术难题，达到了抛秧纵横有序、株距均匀、密度可控的技术效果，实现了农机与农艺的高度融合。应用该项技术，水稻返青快、分蘖早，行株间通风透光好，成穗率提高，植株健壮，抗逆性增强，单产提高，劳动强度减轻，劳动生产效率提高，达到了增产增效的双重目标。

该书深入浅出地介绍了水稻机械有序抛秧栽培的概念、技术优势、技术特点、适用范围；有序抛秧机的基本结构、操作方法规程、维修与保养；水稻机械有序抛秧育秧方法与技术；大田栽培关键技术。内容丰富全面，切合生产实际，理论与实践相结合，既介绍了技术内容，又规范了操作程序及方法，通俗易懂，简明扼要，可操作性强。该书对农机事务部门、农技推广系统的技术人员来说是很好的培训教材，对广大稻农及新型经营主体来说是难得的技术指南和实践文本。我相信该书必将促进水稻生产持续、稳定、协调发展。

2020年6月

水稻种植有直播、插秧、抛秧三大方式，其中抛秧方式由于其易操作、水稻返青快、分蘖早、穗数足等优势，深受广大农技人员和农民朋友欢迎，每年在我国水稻生产上的应用面积达到数百万公顷以上。但人工抛秧效率较低，难以适应当前和以后农村劳动力数量减少和质量下降的形势；同时水稻无序生长，通风透光不良，不利于高产栽培。因此，实现抛秧机械化和有序化一直是水稻生产机械化努力的方向。

自 20 世纪 90 年代以来，我国科研人员和农民群众先后研制发明了众多无序和有序抛秧机，但一直没有在生产上得到大面积推广应用。2015 年，湖南发明了以夹秧、分秧原理实现抛秧有序的有序抛秧机，在生产上进行了成功示范并受到了高度关注。中联农业机械股份有限公司在有序抛秧机发明和前期样机试验示范的基础上，经过不断完善和市场开拓，使第一代 2ZPY－13A 型水稻有序抛秧机在生产上得到迅速推广。

水稻机械有序抛秧栽培技术的核心在于有序抛秧机，但关键是要有培育适合于有序机抛栽培秧苗的育秧技术，同时抛秧后的大田栽培管理技术对水稻产量品质具有重要影响，农机农艺紧密融合才能获得水稻高产稳产。自 2ZP－13 型

（现为2ZPY-13A型）水稻有序抛秧机发明以来，湖南农业大学国家水稻产业技术体系长江中游稻区高产栽培与秸秆综合利用岗位团队（CARS-01-26）利用岗位专家经费和中联农业机械股份有限公司等先后从农艺和农机等方面做了大量研究和示范，使水稻机械有序抛秧栽培技术得以逐步完善。

为了进一步推广水稻有序抛秧机及水稻机械有序抛秧栽培技术的应用，我们特编写本书。其中机械部分主要由中联农业机械股份有限公司负责，农艺部分主要由湖南农业大学负责。本书可供从事水稻有序抛秧机推广的经销人员、农机事务部门及农技推广部门的技术人员、广大稻农及新型经营主体等参考。本书主要对机具使用、育秧技术与大田管理进行了比较详细的介绍，希望对广大用户和农民朋友有所帮助，并助力水稻高产高效生产和保障国家粮食安全。

由于时间仓促，书中难免存在疏漏之处，敬请读者批评指正。

唐启源

2020年6月

目
录

第一章　水稻机械有序抛秧栽培技术简介

一、水稻机械有序抛秧栽培的概念

水稻抛秧栽培是指采用根部带有营养钵土的水稻秧苗，通过抛秧使秧苗根部向下自由落体掉入田间定植的一种水稻栽培法。水稻抛秧栽培经历了手抛秧、无序机抛秧、有序机抛秧三个阶段。

本书所述水稻机械有序抛秧栽培是指利用中联农业机械股份有限公司生产的2ZPY-13A型水稻有序抛秧机进行水稻分行分蔸有序抛栽的机械化种植，并按高产要求进行促控管理的栽培方式，实现了水稻抛秧栽培的机械化、精量化、有序化。

二、水稻机械有序抛秧栽培技术的优势

1. 水稻机械有序抛秧栽培技术相比人工抛秧栽培的优势

秧苗根系活力强，抛栽大田的秧苗根系发达，抛后1天露白根，2天扎新根，3天长新叶，7天出分蘖，单株根干重比手插秧明显增加，但根系分布浅而集中。秧苗带土且秧根入土浅，植伤轻，分蘖起步早，发生快，低位分蘖多，高峰苗量大，群体有效穗多，容易保证足穗，叶面积大，群体光合能力较强，促进稳产增产。相对手插秧可以节约农时，有利于大面积均衡增产。

2. 水稻机械有序抛秧栽培技术相比机械化抛秧的优势

生产效率高，抛秧及时，大面积返青快，见新蘖早，优势分蘖比例大，穗形整齐，粒数多。抛秧苗分布均匀，光能利用率高，病

害轻，杂苗少。不仅可以提高劳动生产率，减轻劳动强度，更重要的是还可以提高抛秧质量，充分发挥抛秧栽培技术的优势，增加产量，创造出更高的经济效益和社会效益。

采用 2ZPY－13A 型水稻有序抛秧机开展的水稻机械有序抛秧栽培技术总体上具有如下优势：解决了人工抛秧和无序机抛秧的秧苗分布无序、稀密不匀以及机插秧苗损伤较大、缓苗期长等问题；水稻秧苗抛后返青快、基本无缓苗期，分蘖快，苗数足，节省农时，特别有利于双季稻生产；大田抛栽前沉田时间短、抛栽后 2～3 天可以灌水管理，有利于控草和减少除草剂用量；工效高，抛幅达到 13 行，单机综合作业效率最高可达 8～12 亩*/时，每天可抛 50～70 亩；抛秧行距 21～32 厘米电控无级调节，株距 8 挡手柄调节，适合于不同密度有序抛栽，适应一季稻、双季稻、再生稻等多种水稻种植制度；采用精量播种，节省种子用量；可以提高抛秧质量，充分发挥抛秧栽培技术的优势，通风透光，容易形成高产群体。笔者试验示范表明，机械有序抛秧栽培水稻群体通透性好，抗病抗倒性好，后期光合生产效率高；与插秧相比穗数显著增加。与手抛相比，结实率明显提高，增产潜力大，在一季稻、双季稻和再生稻百亩示范中均取得高产。

三、水稻机械有序抛秧栽培技术的生产表现和适应性

湖南农业大学国家水稻产业技术体系长江中游稻区栽培与秸秆综合利用岗位团队（CARS－01－26）于 2018—2019 年采用水稻机械有序抛秧栽培技术，连续 2 年在大通湖区宏硕生态农业农机合作社湖南农业大学基地进行了对比试验和早稻、晚稻、一季稻的高产栽培百亩示范。经专家测产表明，双季早稻百亩示范片产量 558.8 千克/亩、双季晚稻百亩示范片产量 556.1 千克/亩、虾后一季晚稻百亩示范片产量 658.6 千克/亩、再生稻百亩示范片周年产量 1

---

* 亩为非法定计量单位，1 亩≈667 平方米。——编者注

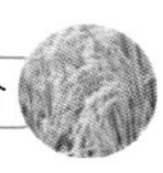

072.8千克/亩，均比常规栽培高产。田间对比试验表明，该技术较插秧增产12.4%～28.3%，较手抛秧增产2.8%～8.9%，种子投入较机插秧减少15%以上。

水稻机械有序抛秧栽培的核心在于有序抛秧机的性能与操作，但培育适合于有序机抛及大田生长要求的秧苗的育秧技术是关键，水稻产量最终还要依赖于抛秧后的大田栽培管理技术。

水稻机械有序抛秧适合双季早晚稻、一季稻、再生稻种植区，但机抛高产栽培技术的集成应切合种植区水稻的生产特点。技术选择前要深入实地调查种植区当地的育秧设施、田块条件、种植制度和规模等，从而有针对性地选择相应的技术进行集成，探索一套适宜当地的技术体系。

有序机抛秧苗起秧

有序机抛水稻不同时期的田间长相

虾后稻免耕抛栽现场

虾后稻有序机抛（左）与机插（右）的比较

有序机抛早稻分蘖盛期

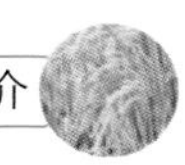

有序机抛早稻孕穗期

有序机抛早稻乳熟期

有序机抛早稻长相

再生稻机械有序抛秧栽培密肥耦合试验

油菜茬一季晚稻有序机抛田

油菜茬一季晚稻机插田

同一天抛栽的有序机抛（上）与机插（下）水稻返青发苗情况的比较

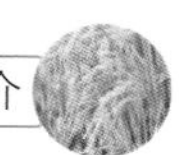

机抛机收再生稻百亩高产攻关示范及其蜡熟期长相

第二章 水稻有序抛秧机及其操作技术

一、有序抛秧机的基本结构

中联农业机械股份有限公司推出的第一代2ZPY－13A型水稻有序抛秧机，由挂秧架、工作装置、底盘3部分组成。其中，实现分行分蔸有序抛栽的工作装置主要由秧盘输送系统、分行器、取秧系统、平板输送系统和抛秧系统组成。秧盘输送系统主要由秧盘输送装置、秧盘回转装置等组成，取秧系统由取秧主动轮、取秧从动轮、夹秧带、夹秧器总成、夹秧带调紧机构等组成，平板输送系统和抛秧系统分别由输送平带和抛秧带等组成。底盘目前采用井关插秧机底盘。

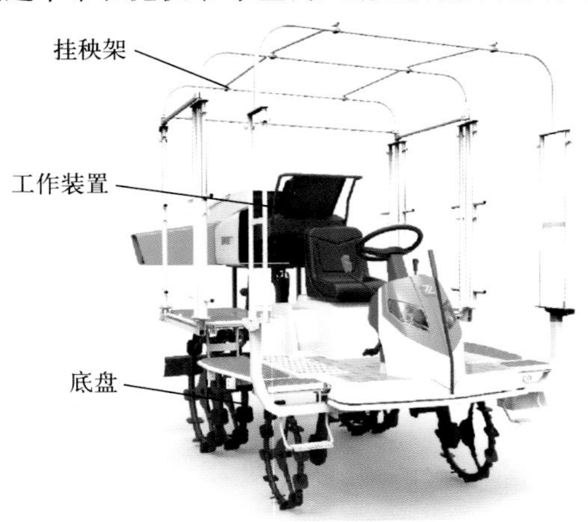

第一代2ZPY－13A型水稻有序抛秧机

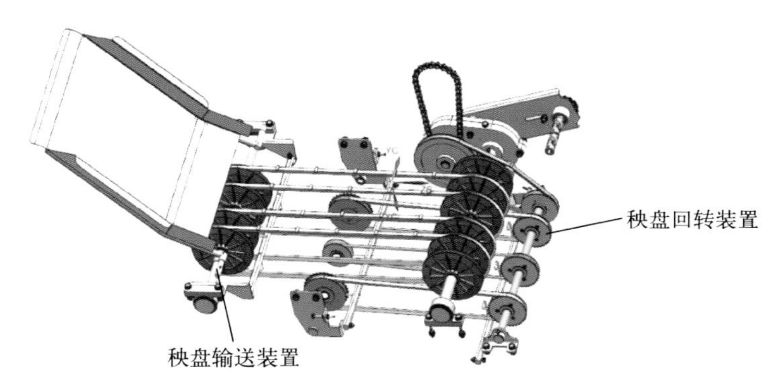

秧盘输送系统

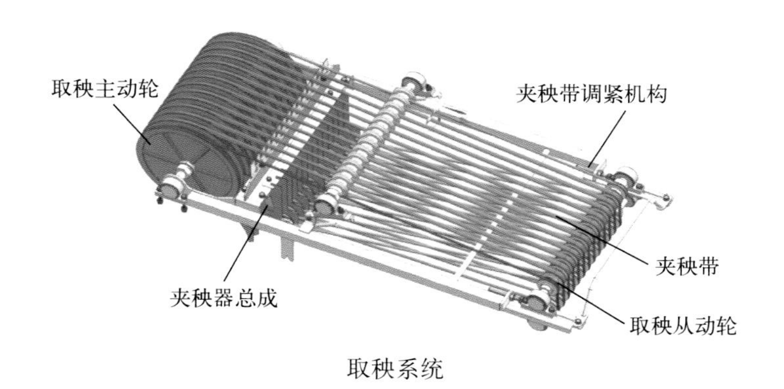

取秧系统

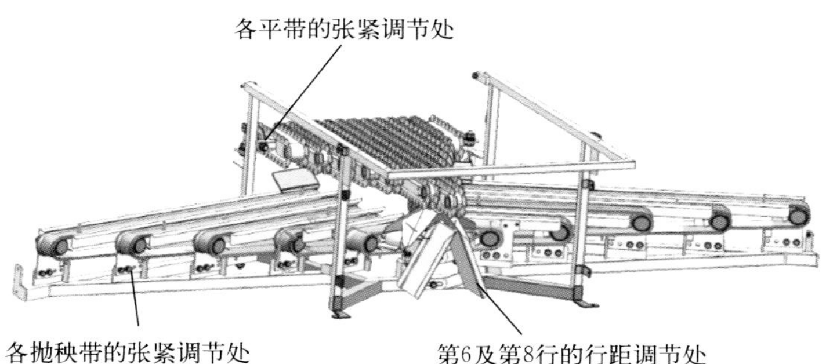

平板输送系统和抛秧系统

秧盘输送与夹秧

二、有序抛秧机各部位的作用

1. 开关

关——熄火；

开——发动机正常运转中的位置；

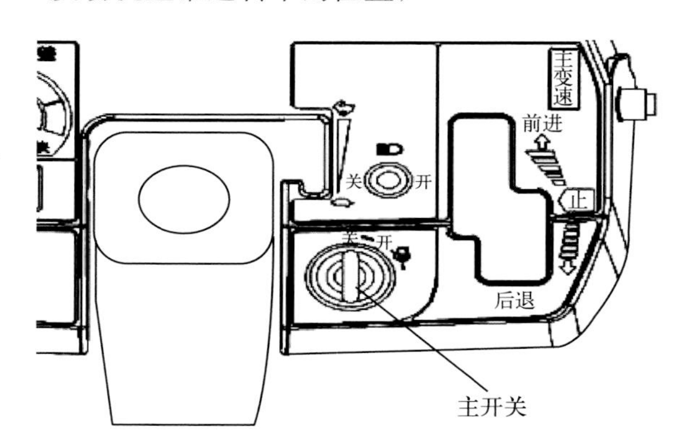

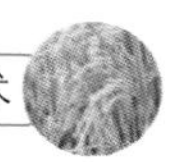

起动——踩下并锁定刹车踏板，旋转开关至起动位置，起动发动机后放开主开关，主开关自动返回“开”。

补充：①主开关的起动时间为 1 次最多 10 秒，在起动不了的情况下停止 30 秒以后再次起动；② 发动机运转中，主开关不要切至“起动”位置。

2. 主变速手柄

① 主变速手柄可以操作前进、后退以及无级变速。

② 主变速手柄位于后退位置时，抛秧部自动上升。

③ 操纵指状手柄可以使抛秧系统上升、下降和微调。

④ 在不起动发动机时，对各功能部操作不起作用。

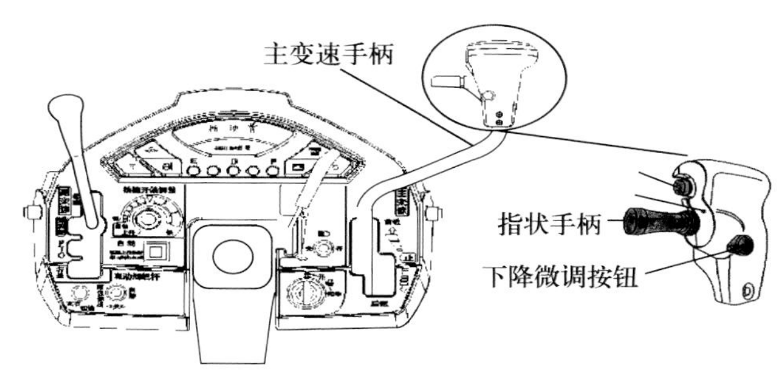

3. 副变速手柄

副变速手柄可以切换行走速、PTO 及抛秧速。

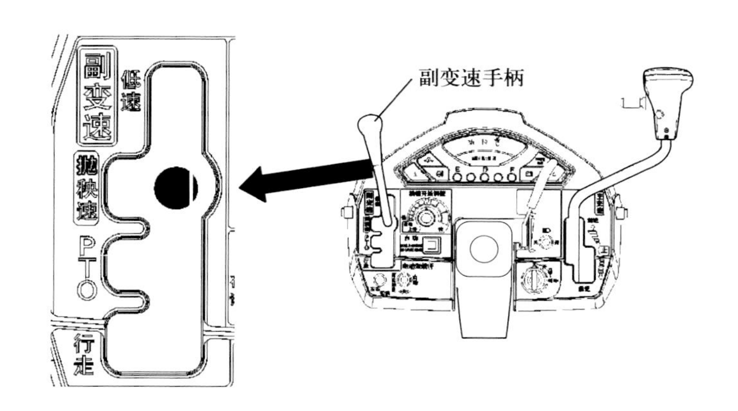

副变速手柄在行走位置时，PTO无输出，机器行走，工作装置不运行，副变速手柄在“PTO”位置时，PTO有输出，工作装置运行、机器不行走，一般用于检查机器状态。副变速手柄在抛秧速时，机器行走且工作装置运行。

4. 油门手柄

向前推油门手柄会提高发动机的转速。可以在主变速手柄的低速位，增加转速，加大功率。

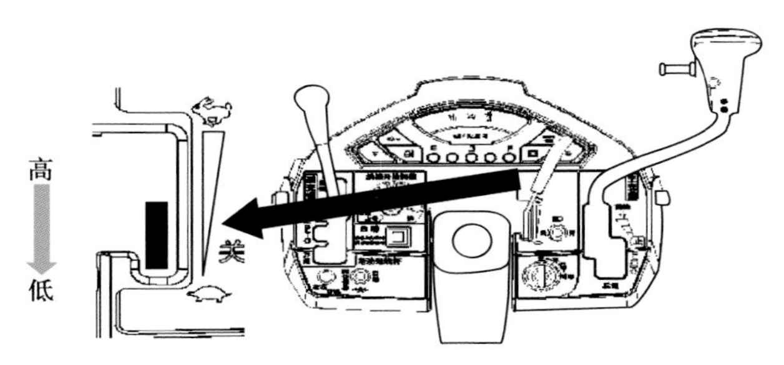

5. 刹车踏板

① 踩下刹车踏板时，车体停止（主变速手柄也因联动而回到“止”的位置）。此时，所有轮胎都会被刹住。

② 不踩解锁踏板，只把刹车踏板踩到底，刹车踏板会自动锁定。同时踩刹车和解锁踏板，松开脚时踏板会上抬。

③ 起动发动机时不踩刹车踏板，发动机不会起动。

④ 刹车踏板被锁定时，主变速手柄也被锁定，不能移动。

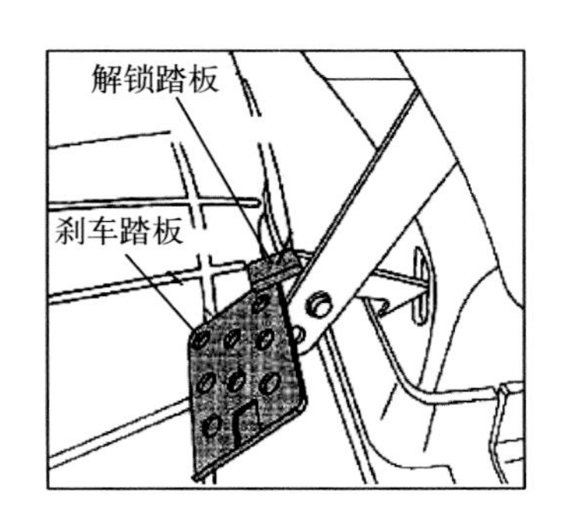

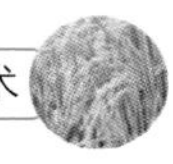

6. 前轮差速锁踏板

踩下差速锁踏板后，左右前轮会以同样的转速同时转动。在过田埂以及转弯时如有前轮打滑的情况时使用此踏板。转弯时使用此踏板，机体转弯半径变大，须注意驾驶安全。抛秧作业以外的时间，必须确认解除前轮差速锁。

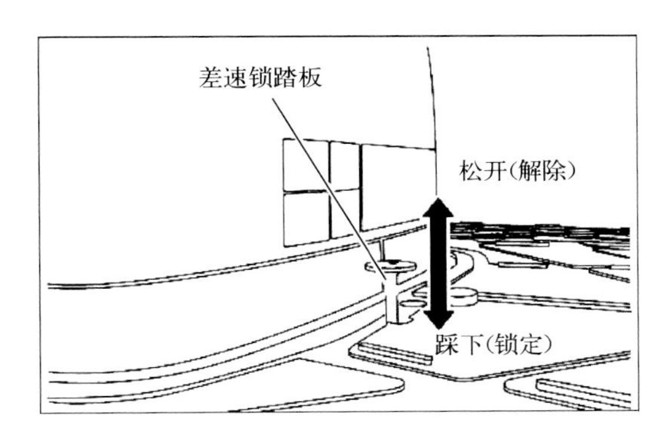

7. 座位调节

将座位调节至作业最方便的位置后插入座位固定销。

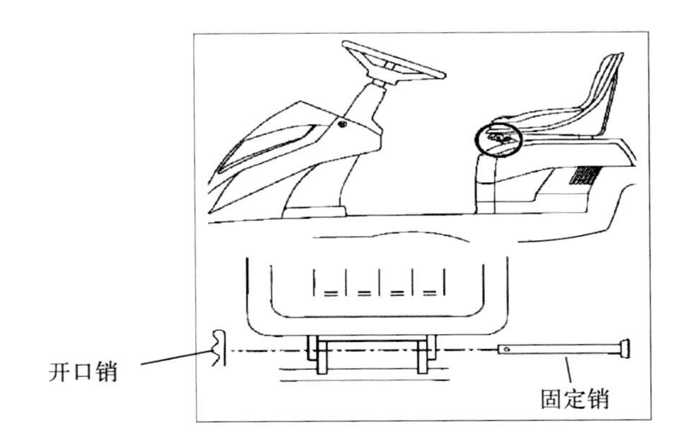

8. 株距调节手柄

株距调节手柄是通过手柄的左右移动来改变抛秧株距的装置。

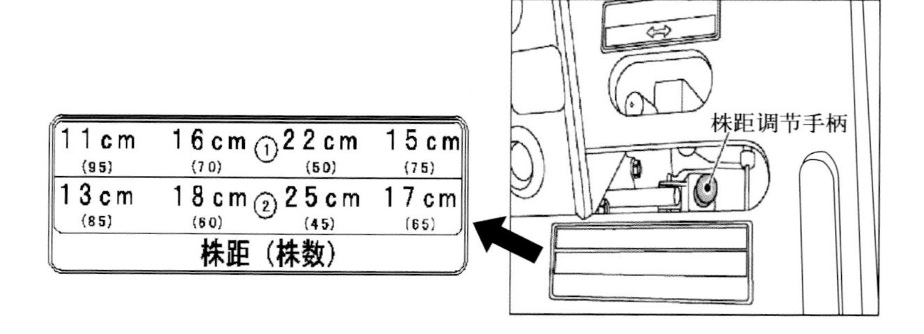

9. 株距副变速手柄

株距副变速手柄是通过手柄的左右移动来改变抛秧株距的装置。将手柄拉出，左右调节来改变株距，为了达到需要的株距，可通过株距调节手柄以及株距副变速手柄来调整株距。

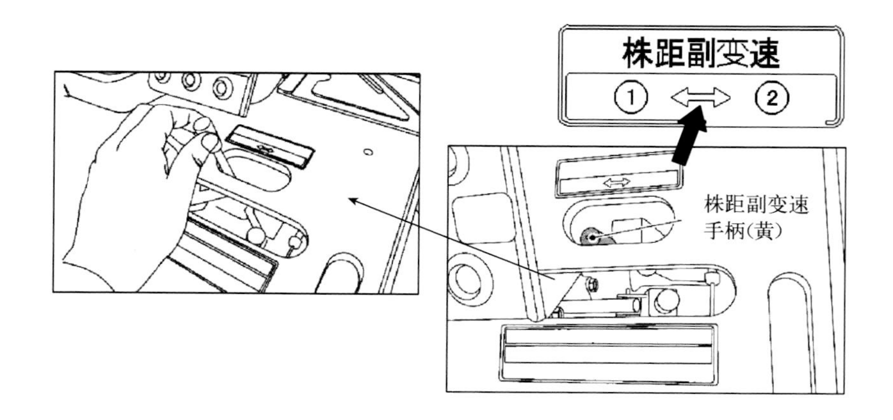

10. 抛秧行距调节

按下抛秧皮带控制开关（灯亮）后，抛秧带开始运转，通过旋转调速开关可调整抛秧带的运转速度，实现抛秧行距的无级调节，抛秧行距可调整范围为 21～32 厘米。

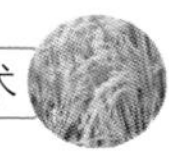

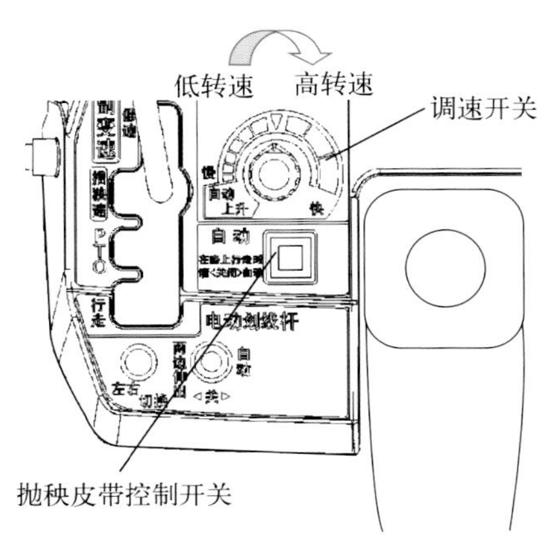

11. 秧架转向踏板

可以控制秧架转动的方向，便于辅助人员挂秧、取秧、装秧。踩下踏板，挂秧架可360°转动，对准锁扣销后，挂秧架锁定。

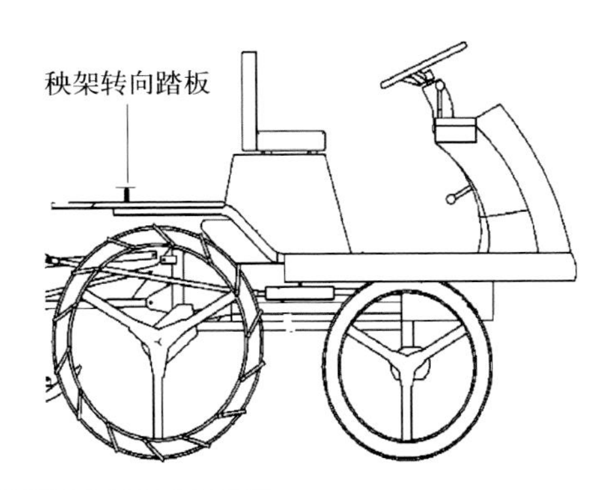

三、有序抛秧机驾驶

1. 起动发动机

① 确认油门手柄在低速位置。

② 将主变速手柄调至“止”。

③ 把刹车踏板踩到锁定状态。如果不踩刹车踏板，则无法起动发动机。

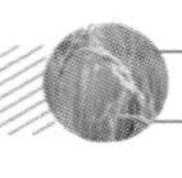

④ 把主开关转至“起动”。

⑤ 发动机起动后，请立刻将手离开主开关。

补充：冷机状态下，起动之前应将主开关钥匙转至“ꝏ”预热 5～10 秒。

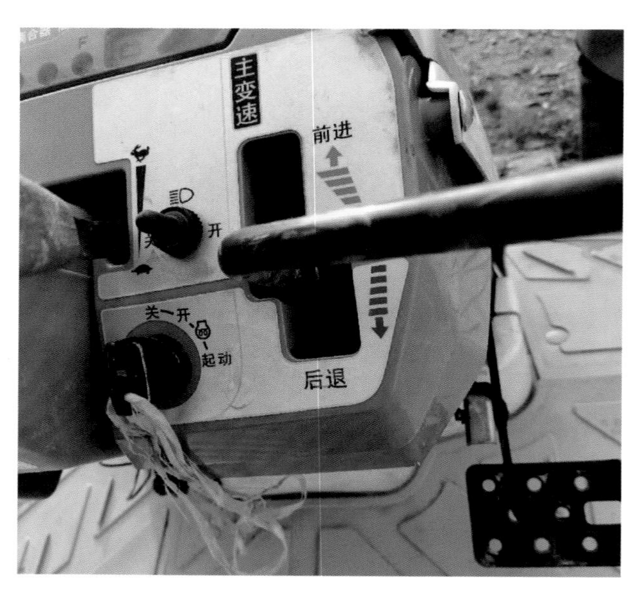

2. 关闭发动机

① 将主变速手柄拉回“止”，发动机转速下降。

② 主开关至“关”，发动机就会停止。

注意：发动机在高速运转状态下，请勿熄火；主开关在“开”时，蓄电池会自动放电（一定要养成发动机熄火后就拔下钥匙的习惯）。

3. 排除油路空气的方法

当燃料箱中燃油用尽，空气便会进入燃油系统，发动机则自然停止。此时，向燃油箱内加入燃料后，应将主开关调至“开”20～30 秒，将燃油系统中的空气自动排空，然后再起动发动机。

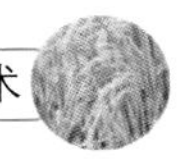

4. 起步、停止、停车

（1）起步的方法：

① 把副变速手柄切至作业对应位置。

② 同时踩刹车和解锁踏板，缓缓松开。

③ 向前推进主变速手柄抛秧机便会起步。发动机与主变速手柄联动，发动机同时加速。可通过油门手柄来提高发动机转速，增加功率。

（2）停止的方法：将主变速手柄缓缓拉回“止”。发动机油门与主变速手柄联动，发动机转速也缓慢下降。踩下刹车踏板直至被锁定。

补充：在抛秧机运行中，踩下刹车后，主变速手柄会自动恢复到“止”。

（3）停车方法：

① 关闭发动机。

② 将刹车踏板用力踩下，锁定刹车。

③ 把副变速手柄切至“PTO”。

5. 运输装卸的方法

① 选择平坦坚硬的地面。

② 装载卡车熄火，变速杆在 1 挡或空挡上，锁定刹车，把车停好。

③ 请使用强度、宽度、长度都达到要求且不打滑的梯板，装车时以“后退”方式，卸车时以“前进”方式，低速进行。

④ 梯板的钩子与车厢板之间应没有段差，另外应没有偏移，确实钩住。

⑤ 请勿左右大范围地操作方向盘。

6. 出入田块的方法

田埂落差较大时，请使用梯板；进出田块及跨越田埂时，必须与田埂成直角缓慢前行。

（1）进入田块时：向上推动指状按钮使工作装置上升至最高。副变速手柄切至“低速”或“抛秧速”位置。推动主变速手柄，以前进方式低速缓慢进入田块。

（2）出田块时：向上推动指状按钮使工作装置上升至最高。将主变速手柄切至“后退”挡位，以后退方式慢慢退出田块。

四、有序抛秧机作业

1. 按抛栽密度要求调节行、株距

（1）行距调节：通过旋转操作仪表盘上的调速旋钮进行调节。

（2）株距调节：根据不同的田间环境，设置合理的株距。通过株距调节手柄和株距副变速手柄，按下表挡位进行调节。

株距调节手柄及对应挡位（厘米）

手柄	挡位 1	挡位 2	挡位 3	挡位 4
①	11	16	22	15
②	13	18	25	17

2. 抛秧作业

① 抛秧机驾驶员先将刹车踏板用力踩下，锁定刹车。

② 将副变速杆切至“PTO”。

③ 划线杆从收纳位置调整至作业位置。

④ 驾驶员起动发动机后将刹车踏板解锁。

⑤ 驾驶员将主变速手柄切至“止”，再将刹车踏板用力踩下，锁定刹车。

⑥ 将副变速杆切入“抛秧速”，解锁刹车，主变速手柄向前推进，低速地向田埂边移动。

⑦ 待机器移至准备抛秧的位置后，往下推动指状按钮，降下工作装置。

⑧ 将方向盘旁边的抛秧带电机开关打开。

⑨ 辅助人员从抛秧架上取下钵苗秧盘放至溜秧板上。

⑩ 待辅助人员观察到后方有秧苗抛出，驾驶员慢慢地将主变速手柄向前推进，开始抛秧。

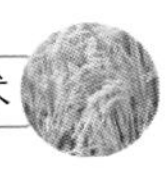

⑪ 在田间抛秧时，每抛秧约 20 盘左右钵体苗盘后，辅助人员须将秧盘收集器中的空秧盘倒出，避免秧盘收集器中秧盘过多，造成输秧阻塞（建议行至田边时倒出秧盘收集器中的空秧盘，便于回收）。

补充：

① 准备开始抛秧作业前，确认所作调节是否符合要求后，进行连续作业。

② 根据田块的状态和秧苗的条件，抛秧的精度会发生变化。从低速挡位开始边观察抛秧状态边慢慢提速，最好选择最佳作业速度。

③ 抛秧作业中放置秧盘的辅助人员必须注意安全，转弯或刹车时务必手扶栏杆，保证身体平衡。

④ 作业中驾驶员在转弯或刹车时应及时通知放秧辅助人员，以免造成放秧辅助人员跌落。

⑤ 在机器运行过程中，田边辅助人员可将钵苗秧盘装入秧架，待抛秧机抛至田埂边时装机，及时补充秧苗。田边辅助人员应注意必须等机器停稳、驾驶员发出指令后进行工作，以免被伤害。

抛秧机田间作业

五、有序抛秧机保养

1. 日常保养

田间作业完成后，当天内用水冲洗，把泥土、秧苗等清除干净。应特别注意：

① 务必将每个夹秧器总成中的夹秧滚轮间的泥土和秧苗清理干净，避免夹秧滚轮磨损。

② 分别将平板输送系统 13 根平带从各从动轮上取下来，将平板输送结构件、主动轮、主动轮轴等处的泥土、秧苗及杂质清除干净。

③ 清理干净取秧系统从动轮所有余秧。

④ 洗车时，注意不要用压力水冲洗电气物品、加油口、贴有安全标签的地方，用水洗后将水滴擦干净。在关键地方注满油，易生锈的地方注润滑油，特别注意夹秧器总成加油口注满油，保证夹秧带润滑。抛秧机的存放场所应确保光线充足、通风。

⑤ 清洗车辆时请将取秧系统支起。

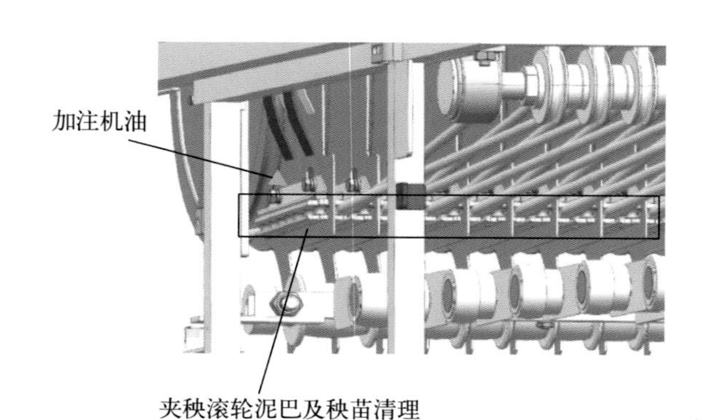

2. 长期保管

田间作业完成后，当天内水洗，把卷缠在旋转部件的泥土、杂物等清除干净。洗车时，注意不要用压力水冲洗电气物品、加油口、贴有安全标签的地方，水洗后将水滴擦干净。在关键地方注满

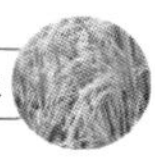

油，易生锈的地方注润滑油。将燃料清空，把散热器里的冷却水排出。将蓄电池拆下后，放置在阳光照射不到的干燥场所进行充电及保管。如果蓄电池装在抛秧机上不拆下来，必须拆掉接地线（负极线）。保管机器时一定要选择避光、通风好的地方，并盖上防雨布。

六、常见故障排除

有序抛秧机常见故障的产生原因与排除方法

故障类别	产生原因	排除方法
齿轮、链轮箱漏油	油封损坏或安装方法不对，纸垫损坏	更换油封和纸垫或重新安装
变速箱漏油或声响过大	油封损坏，锥齿轮侧间隙过大或轴承损坏	更换油封，检查齿轮状况或更换轴承
链轮箱脱链或有杂音	链条损坏或过紧	更换链条或调节链条张紧度
取秧系统堵秧	夹秧滚轮磨损	更换新的夹秧滚轮
平板输送皮带脱落	平板输送从动轮卡滞	清理从动轮杂物或更换从动轮
取秧系统夹秧带脱落	夹秧带变松，夹秧器靠近主动轮压板压力过大；秧盘底部泥土过多，泥土夹至取秧带轮中	调整夹秧带张紧力，夹秧器压板压力调小，将取秧带轮中泥土清理干净

第三章　水稻机械有序抛秧育秧技术

一、水稻有序机抛秧育秧概述

2ZPY－13A 型水稻有序抛秧机使用的秧苗必须是行列规则的带孔穴式塑料软盘培育的秧苗，秧苗是否合乎抛秧机的要求，将直接影响抛秧的质量和工作效率，甚至影响机抛技术的成败。因此，必须将农艺与农机相结合，全力做好有序机抛秧的育秧工作，培育出合格适用的秧苗。

1. 有序机抛秧高产栽培对秧苗的要求

（1）秧苗群体长势均匀，个体健壮（根白、茎基宽、白根缠绕）有弹性，根部带土，最好带蘖；抛秧后返青快，成活率高，发苗快，生长整齐均匀。

（2）秧龄合适，保证抛后至少有 2 片以上的新叶形成；空穴率低，无病虫草害带下大田。

2. 有序抛秧机具作业对秧苗的要求

（1）适抛性强：一是形成成蔸不散的钵体苗，秧苗根部带泥有重量，形成泥坨，便于抛出和秧苗着泥直立；二是不散蔸，即土钵含水率 40%～60%，以手指挤压不散碎为宜；三是空蔸少，空蔸率低于 2%；四是高度适宜，即秧苗高度为 6～20 厘米。

（2）方便机器操作：一是秧苗排列有规则，在秧盘上成行（13行）分蔸；二是盘底不粘土，根长适宜，盘下根泥不结块；三是蔸与蔸之间盘面、盘底均不串根；四是秧苗易夹出。

3. 秧苗指标和控制范围

水稻有序机抛秧的秧苗指标和控制范围

指标项目	控制范围
秧龄	12～25 天
叶龄	2 叶 1 心至 3 叶 1 心（控苗生长的可达 4 叶 1 心）
苗高	8～20 厘米
空穴率	＜2％
根	穴内秧根带土盘结，穴间根不缠绕
其他	无病虫害，无损伤，不倒伏

为了满足上述对秧苗的要求，水稻有序机抛秧育秧需采用 13 行有序秧盘，精量播种，减少漏莌，提高出苗率，控苗高、控根长，并防控病虫草害，按水稻有序机抛秧育秧技术进行。

4. 水稻有序机抛秧育秧的基本过程

水稻有序机抛秧育秧可分为播种前准备、播种摆盘和秧田管理三大环节，生产上播种可采用流水线精量播种或秧田直接摆盘播种两种方式。其中，流水线播种后根据育秧地点又可分为设施大棚摆盘育秧、场地摆盘育秧、秧田摆盘育秧等方式。

二、水稻有序机抛秧育秧的准备工作与基本流程

1. 用种量与种子要求

（1）用种量：用种量根据品种类型而定，其中，早稻常规种 4～5千克/亩，杂交种 2.5 千克/亩左右；晚稻常规种 3～4 千克/亩，杂交种 1.5 千克/亩左右；一季稻常规种 3 千克/亩左右，杂交种 1.5 千克/亩左右。

（2）种子要求：种子不含空秕粒与杂质、无芒、均匀，否则要清选；杂交稻种子发芽率达 90％以上，若达不到需进行精选。

2. 种子适播处理

（1）选种处理：在浸种前采用水选、风选、色选、重力选等方

式对种子进行精选，提高种子的适播性以及发芽出苗率。其中，常规稻种子常采用盐水或泥水选（相对密度 1.05～1.1），选种后立即用清水淘洗；杂交稻种子可采用风选或清水选；对有芒的种子先进行脱芒，以利于播种均匀，落粒不堵不卡。

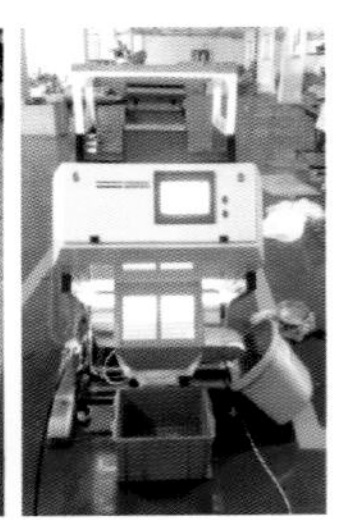

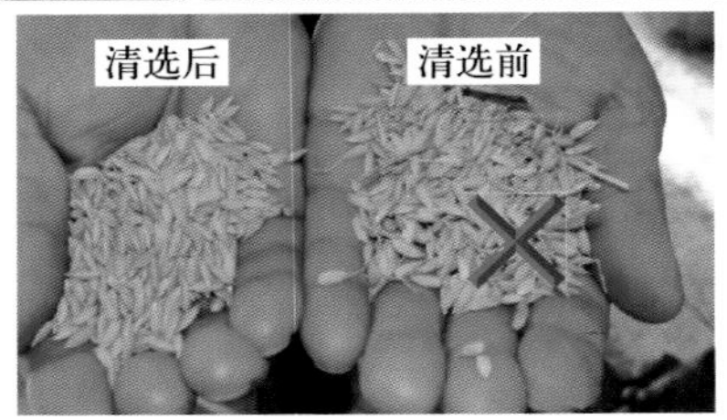

种子水选、风选和色选

（2）种子消毒处理：采用咪鲜胺等杀菌剂进行浸种消毒，或使用浸种型种衣剂在播种前进行包衣，或使用拌种剂在破胸后拌种，以降低苗期恶苗病、稻蓟马等秧苗期病虫害的危害。早稻主要采用杀菌剂消毒，中晚稻除对种子杀菌消毒外，必须采用含杀虫剂的种衣剂或拌种剂结合多效唑进行处理。用于种子处理的药剂主要包括三氯异氰尿酸、咪鲜胺、吡唑醚菌酯、咯菌腈、吡虫啉、噻虫嗪等。

① 种子包衣：浸种前早稻种子用含杀菌剂（如咪鲜胺等）的种衣剂，中晚稻种子用含杀菌、杀虫剂的商品种衣剂，采用包衣机或手工进行包衣。

② 种子拌种：选用商品拌种剂，如咪鲜胺拌种剂、咯菌腈＋噻虫嗪拌种剂或自配拌种剂拌种。

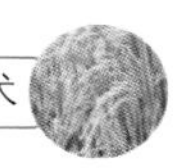

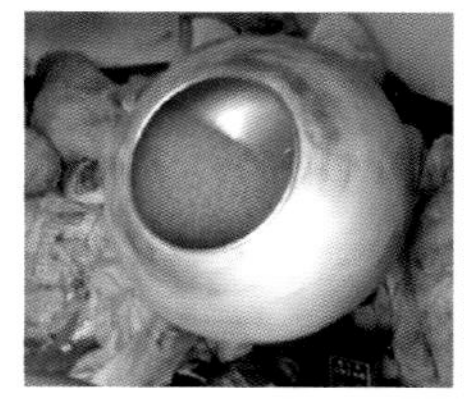  

种子包衣（左）与拌种（右）

③ 种子浸种消毒：结合浸种用咪鲜胺、三氯异氰尿酸、吡唑醚菌酯等杀菌剂消毒，消毒时间计入浸种时间。种子经过消毒，如已吸足水分，可不再浸种；吸水不足时，应换清水继续浸种。凡用药剂消毒的稻种，要求用清水冲洗干净后再催芽，以免影响发芽。对中早 39 等恶苗病较重的品种种子，应采用吡唑醚菌酯+咪鲜胺消毒。

（3）浸种处理：水温 30 ℃时常规稻约需 30 小时，水温 20 ℃时约需 60 小时。在浸种时间内实行“少浸多露”或“日浸夜露”。浸种标准为种子吸足水分，达到谷壳透明、米粒腹白可见、米粒易折断、折断时无响声。

① 早稻浸种：常规稻 2～3 天，杂交稻至少 1 天。

② 中晚稻浸种：常规稻 1 天左右，杂交稻半天左右。

③ 粳稻：相应增加浸种时间。

（4）种子破胸露白：

① 早稻高温破胸或催芽机温水破胸：浸种结束后，为了催芽安全不烧苞，一般在傍晚上堆催芽。将浸好的种谷洗净沥干，然后用“两开一凉”温水（55 ℃左右）浸泡 5～10 分钟，再起水沥干上堆。保持谷堆温度 35～38 ℃，14～18 小时后开始露白；生产上常采用催芽机温水催芽破胸；也可以利用烤烟房、空调房、专门催芽室破胸。

② 中晚稻沥水破胸：将浸好的种谷洗干净沥干，利用自然温度破胸。

破胸标准为种谷破胸露白率达到 85%～90%，种子破胸后晾干水分待播，或用拌种剂拌种后晾干待播。

浸种（左）与种子破胸露白（右）

种子适播处理（选种、消毒、浸种、破胸露白）操作可选用下表三个流程中的一个。

种子适播处理的流程

流程一	流程二	流程三
选种：采用清水、泥水或盐水等水选方式去除空秕粒、杂质等	选种：采用清水、泥水或盐水等水选方式去除空秕粒、杂质等	选种：风选/重力选/色选，去除空秕粒、杂质等
消毒：种子用咪鲜胺、吡唑醚菌酯等药液消毒，消毒时间计入浸种时间	浸种：早稻常规稻48小时，杂交稻30小时；中晚稻时间减半	种衣剂包衣：采用种衣剂对种子均匀包衣，晾干
浸种：含消毒时间，早稻常规稻种子48小时，杂交稻种子30小时；中晚稻种子时间减半	高温破胸：早稻采用35～38℃保温14小时至破胸（傍晚开始，早上结束）；中晚稻浸种后沥水覆盖破胸	浸种：早稻常规稻种子48小时，杂交稻种子30小时；中晚稻种子时间减半
高温破胸：早稻采用35～38℃保温14小时至破胸（傍晚开始，早上结束）；中晚稻浸种后沥水覆盖破胸。晾干表面水分备播	拌种剂拌种：种子露白后，早稻用含杀菌剂的拌种剂，中晚稻用含杀虫剂、杀菌剂的拌种剂拌种。晾干表面水分备播	高温破胸：早稻以35～38℃保温14小时至破胸（傍晚开始，早上结束）；中晚稻浸种后沥水覆盖破胸。晾干表面水分备播

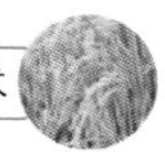

③ 双季晚稻种子需浸种催芽消毒与拌种处理相结合：双季晚稻育秧时温度高，为了控制秧苗高度延长适抛秧龄，种子需采用浸种催芽消毒与拌种处理相结合的处理方式。先清洗去掉秕谷后，用清水浸 8～10 小时；洗净露干后（日浸夜露），再用咪鲜胺溶液消毒 6 小时，捞起洗净保持湿润的情况下，自然催芽；种子露白后，每 10 千克芽谷用 15％多效唑可湿性粉剂 1 克＋30％烯定虫胺或噻虫嗪可湿性粉剂 10 克拌种（一定要拌匀），晾干备播。

3. 品种选择

结合各地生态特点，选择生育期适宜、抗逆性强、丰产性与稳产性好、品质优等综合性状优良的水稻品种。

（1）双季早稻：宜选择耐寒抗病抗倒的高产优质专用稻品种，如中早 39、湘早籼 42、湘早籼 24、中嘉早 17 等常规稻品种或杂交稻品种。

（2）中稻、一季晚稻（含油菜茬、虾后稻）：选用耐热、抗病、抗虫、抗倒伏、高产、优质品种，可以从湖南省种子协会推荐的绿色水稻品种中选择。

湖南省种子协会推荐的绿色水稻品种

序号	品种名称	季别	审定（引种）编号	经营单位
1	隆两优华占	单季稻	国审稻 20170022	湖南亚华种业有限公司
2	晶两优华占	单季稻	国审稻 20176071	湖南隆平种业有限公司
3	晶两优 1212	单季稻	国审稻 20186010	湖南百分农业科技有限公司
4	兆优 5431	单季稻	（湘）引种（2017）第 1 号	湖南神农大丰种业科技有限责任公司
5	悦两优 3189	单季稻	2020 年国审	湖南亚华种业有限公司
6	Y 两优 957	单季稻	国审稻 20170035	湖南袁创超级稻技术有限公司
7	晶两优 534	单季稻	国审稻 2016605	湖南隆平种业有限公司
8	晶两优华占	单季稻	国审稻 20176071	湖南隆平种业有限公司

（续）

序号	品种名称	季别	审定（引种）编号	经营单位
9	隆两优 534	单季稻	国审稻 20170001	湖南隆平种业有限公司
10	卓两优 141	单季稻	2019 年国家审定	湖南希望种业科技股份有限公司
11	晶两优 1377	单季稻	国审稻 20186002	湖南亚华种业科学研究院
12	科两优 1168	单季稻	2019 年国家审定	湖南科裕隆种业有限公司
13	绿银占	单季稻	湘审稻 20180004	深圳隆平金谷种业有限公司
14	农香 32	单季稻	湘审稻 2015009	湖南金色农丰种业有限公司
15	隆晶优 2 号	单季稻	湘审稻 2016021	湖南亚华种业科学研究院
16	Y 两优 911	双晚	湘审稻 20180043	湖南袁创超级稻技术有限公司
17	桃优 89	双晚	2019 年湖南审定	湖南北大荒种业科技有限责任公司
18	泰优 553	双晚	2019 年湖南审定	湖南金健种业科技有限公司
19	桃优香占	双晚	湘审稻 2015033	湖南金健种业科技有限公司
20	玉针香	双晚	湘审稻 2009038	湖南金色农丰种业有限公司

（3）连作晚稻：因秧龄不宜过长，湘北宜选用生育期在 118 天之内的早熟晚稻品种，如 H 优 518、岳优 518、盛泰优 018、岳优 9113 等；湘中、湘南可选用中熟偏早品种，如泰优 390 等。

（4）再生稻：可以从各省推荐的再生稻品种目录中选择。湖南省再生稻推荐品种如下。

① 籼型杂交稻品种：Y 两优 911、隆两优华占、徽两优 898、隆两优 1988、C 两优 0861、旺两优 911、创两优 965、泸优 9803、Y 两优 9918、C 两优 651、凤两优 464、恒两优金丝苗、深两优 867、泰优 390、天优华占、两优 389、Y 两优 551、深两优 5814、深两优 475、两优 121、两优 336。

② 籼粳杂交稻品种：甬优 4949、甬优 4149、甬优 4953。

③ 常规籼稻及两季优质型品种：粤农丝苗、绿银占、晶两优 1468、晶两优 1212、晶两优 1237、旺两优 98 丝苗。

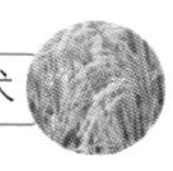

4. 播种期

（1）早稻播种期：当日平均气温稳定在 12 ℃的初日，是早稻最早播种时间。湖南早稻适宜播种期为 3 月 20～30 日，湘南不能晚于清明前，湘北不能晚于 3 月底。大田小拱棚育秧一般在 3 月 25 日左右抓住冷尾暖头天气播种比较适宜，有条件的可适度提早几天；机抛工厂化育秧可以在 3 月 15 日左右分期分批播种。

（2）再生稻播种期：再生稻播种期同早稻播种期。

（3）一季晚稻播种期：一季晚稻适宜播种期为 5 月 20 日前后至 6 月上旬，视品种生育期长短而定，确保抽穗扬花期在 8 月下旬至 9 月上旬。但山区、秋旱区中稻播种期可提前至 4 月上中旬。

（4）双季晚稻播种期：双季晚稻适宜播种期为 6 月中下旬，晚熟品种早播（6 月中旬），早熟品种晚播（6 月底），中熟品种介于两者之间（6 月 20～25 日），原则是确保在寒露风到来之前齐穗。

5. 育秧盘准备

采用 13 行孔的有序钵盘。当盘孔 416 孔时，早稻常规稻需 55～60盘，杂交稻 50～55 盘；晚稻需 45～50 盘；再生稻 45 盘左右；一季稻 35～45 盘，按生育期长短增减。

新育秧盘要检查质量是否符合要求，往年用过的旧育秧盘使用前要清理干净。

专用 13 行有序机抛秧育秧盘

6. 秧田选择和整理

大田育秧要选择靠近机抛田块、背风向阳、土质疏松、肥力较高、排灌方便、无污染、杂草少的田块作为秧田；大棚育秧要设施齐备，清理杂物，整平成厢压实，可铺一层碎土或细沙。

秧田选择还要统筹考虑早晚稻，秧田与大田比例适度，起运秧方便。

7. 播种育秧的基本流程

播种育秧的基本流程如下：选种消毒→浸种破胸→播种（流水线播种、手工播种）→育秧（大棚育秧、秧田育秧、场地育秧）→秧田管理→起秧待抛。

三、水稻有序机抛秧流水线基质播种育秧技术

水稻有序机抛秧流水线基质播种育秧的流程如下：

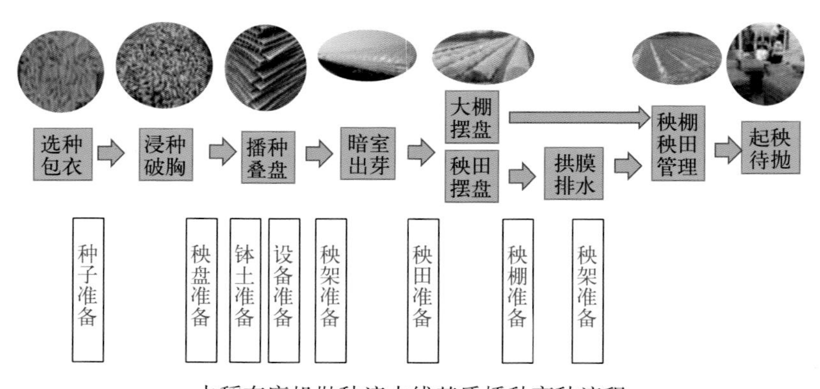

水稻有序机抛秧流水线基质播种育秧流程

1. 制作钵土

软盘育秧孔的填充土称为钵土，分为底土（或床土）和盖土（或覆土）。一般每亩需钵土 60 千克左右，其中培肥底土和盖土（未培肥过筛细土）各 30 千克。

一般选择肥沃、疏松、熟化的土壤，或将菜地土、塘泥土、糯黄泥土，捡去硬质杂质和杂草后粉碎过筛（粒径≤5 毫米），调节

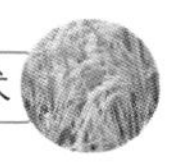

含水量至10%左右后作为底土使用，也可按一定比例掺入育秧基质，充分混匀作为钵土，水分适宜的钵土（手抓成团，落地即散）可直接用作底土（或床土）。过筛土和育秧基质按1∶1或2∶1混合均匀后覆膜堆闷，作为盖土（或覆土）使用。底土少掺或不掺基质。

重黏土、重沙土和pH在7.8以上的田块土不宜作为钵土；pH在5.5以上的床土需在播种前10天调酸；需要培肥的底土在取土前对取土地块施肥，施肥后用旋耕机作业2～3遍，取15厘米表土堆制并覆农膜封闭至土壤熟化。

需要消毒的钵土，可在制作钵土时用药剂消毒，也可结合播种前浇底水，用敌磺钠（敌克松）药液对钵土消毒。

2. 播种

播种流水线如下图所示。为方便运盘运秧，播种地点应选择在育秧点附近。建议流水线播种与大棚育秧或场地育秧相结合。

在当地适宜播期范围内，实行分期播种，即根据秧龄和抛秧进度做好分期播种，避免超秧龄影响抛秧。

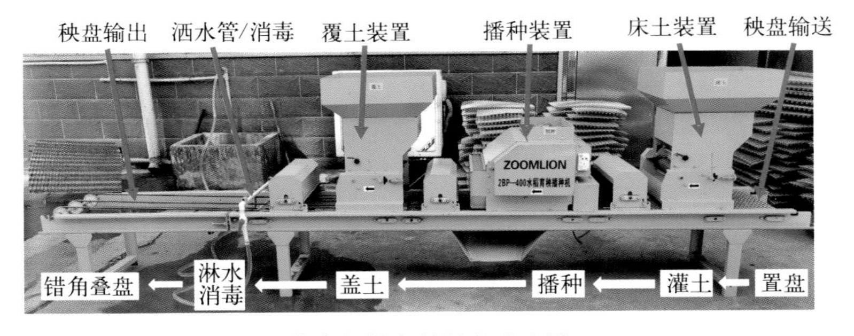

有序机抛育秧播种流水线

播种前需对播种流水线进行调试，尤其是底土量、播种量、盖土量（盖土厚度以盖没芽谷3～5毫米为宜，播种后秧盘表面泥土应清理干净）、喷水量要严格测试，调试合格后再行播种。

底土装置调试

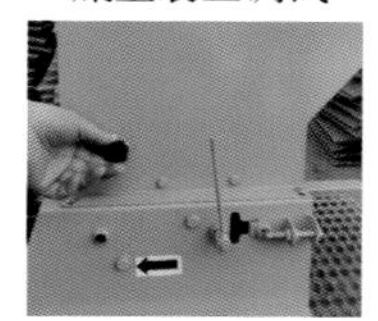

调节底土土量调节开关，使得底土的体积达到秧盘钵体体积的一半左右。

种谷装置调试

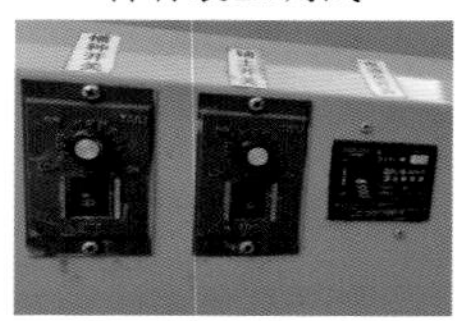

调节播种开关，使得每个钵体的播种粒数符合要求。

覆土装置调试

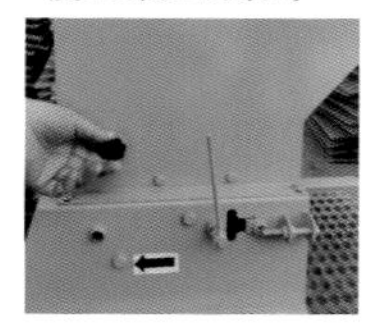

调节覆土土量调节开关，使得覆土填满秧盘钵体。

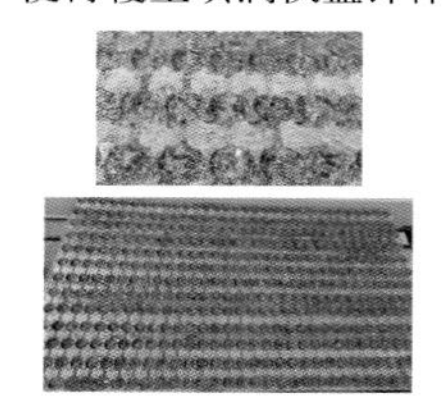

播种前的三个重要调试

播种时，底土体积约为秧盘钵体体积的一半，盖土厚度以盖没芽谷3～5毫米为宜，水的压力适宜并保证13条水线不断。

使用盲谷或破胸露白种子进行播种。播种要求早稻常规稻6～8粒/穴，杂交稻3～4粒/穴，中晚稻品种较早稻常规稻减量1/3～1/2。最好采用精量播种机播种。播种空穴率控制在2%以下。

播种后错角叠盘，即秧盘叠盘时，上下层秧盘应错开15°左右。

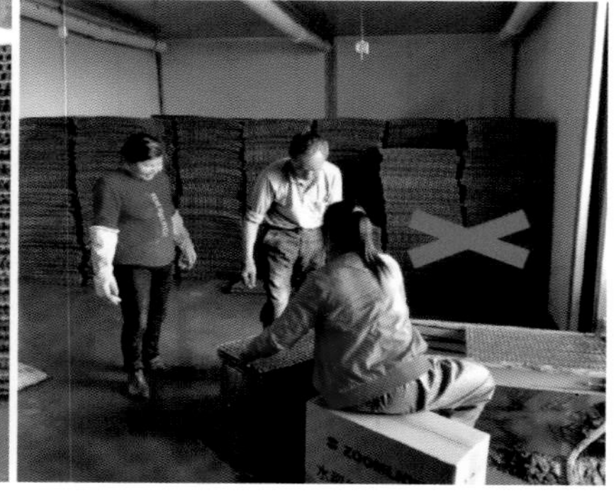

播种后错角叠盘（左）与不正确叠盘（右）

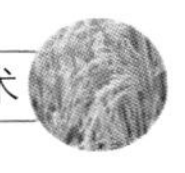

3. 暗室出芽

早稻或再生稻播种后可将秧盘置于自动化出芽暗房，中晚稻播种后可在秧盘表面覆盖薄膜遮光，保温保湿出芽48小时，待90%以上种子的白色芽尖露出即可。这种催芽方式出苗率高、秧苗整齐一致。播种后的秧盘也可直接置于秧田出芽。

4. 摆盘育秧

（1）大棚摆盘育秧：播种出芽后的秧盘可在设施大棚摆盘育秧，特别适合于早稻或北方寒冷区域的水稻育秧。

大棚育秧的设施要求，一是有利于灌水，做好内外排水工作，保证大棚排水性良好，同时具备水源和喷淋水装置；二是有利于控温透气，早稻育秧大棚要求密闭性好，中晚稻育秧需通风并有遮阳网。

育秧大棚

大棚摆盘育秧过程如下。

① 整地做床：最好用小型旋耕机、微耕机或人工整地，清除杂草、根茬、秸秆残茬，打碎坷垃，浅耕10厘米左右；耙细、消毒、整平，再铺一层2～3厘米拌好壮秧剂的覆土。或者只将地面整平后再直接铺一层2～3厘米拌好壮秧剂的覆土。或不覆土但至少要清除杂草、根茬、秸秆残茬，打碎坷垃，将地面整平。摆盘前对土壤和大棚设施进行消毒。

② 铺纱窗布或无纺布等隔离层：为防止起秧时根部带土影响移栽质量，在做好的床面铺上一层纱窗网或无纺布。土壤过于干燥时还需浇水湿润土壤。

③ 摆盘压盘：按前进方向摆盘，保证钵盘中的每一个小钵底

部都能与土壤接触；盘与盘保持平面对接，同时钵面持平，以防止透风现象发生对秧苗生长不利。最好用两块木垫板交叉，脚踩木板压盘，使盘底小钵压入床土3毫米左右从而与床土紧密结合，以保证秧苗水分供应充足，防止青枯死苗。

大棚秧床整理与摆盘

④ 铺膜浇水：摆盘后铺上透气膜，微喷或用自来水管浇足水。以后通过浇水、控温等进行育秧管理。

⑤ 大棚育秧期间的管理：大棚育秧期间主要做好保湿、控温、通风炼苗等工作。

一是保湿，保持钵体土壤湿润，叶尖有吐水。每天做到补水，防止过分干燥导致的根系生长过长。

二是通风控温，外界温度过低时要注意保温，外界温度过高时要采用遮阳网和通风控制棚内温度。通风在1叶1心后进行，先开两头，再开侧膜，但天气冷时只需中午短时通风。1叶1心期时棚内温度不超过28℃，2叶1心期不超过25℃，3叶1心期不超过20℃。要特别注意棚内温度不能超过35℃，防止烧苗。

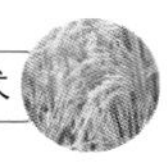

三是炼苗，2叶1心后全面通风炼苗，注意补足水，而后保持床土湿润，缺水补水，做到晴天中午秧苗不卷叶。要特别注意防止寒潮过后突然高温引起青枯死苗。

四是补肥除草防病，秧苗2叶1心后对缺肥瘦弱的秧苗，适当补施叶面肥，并及时用清水洗苗。早稻育秧待秧苗1.5叶时，用杀菌剂预防立枯病、绵腐病等苗期病害。对没有封闭除草的苗床，待稗草1.5叶时用敌稗或氰氟草酯除草，注意当天不浇水，以后按正常管理。抛秧前2天浇水，并可适量施“送嫁药”“送嫁肥”。

（2）秧田（小拱棚）摆盘育秧：播种出芽后的秧盘也可在秧田做厢后摆盘育秧，尤其适合中晚稻育秧。早稻育秧时需采用小拱棚覆膜保温。育秧田与大田比例1∶(45～50)。

① 选秧田：选择背风向阳，土质疏松，肥力较高，排灌方便，无污染，杂草少的田块作为秧田。秧田应靠近抛秧田，地势平坦，便于操作管理，运秧方便。

② 做厢：播种前10～15天上水耙田耙地，开沟做板。做板前可在厢面施45%复合肥15～20千克/亩与泥混匀。秧板畦面宽1.4～1.5米，沟宽0.25米，沟深0.15米，四周沟宽0.3米，深0.25米。秧板做好后排水晾板，使板面沉实，播种前2天铲高补低，填平裂缝，达到“实、平、光、直”。

③ 摆盘：将播种催芽的秧盘，每厢摆2排，排紧压实入泥（2～3毫米）不漏气。摆盘前可铺一层纱窗网或无纺布。

④ 喷药杀菌：摆盘后喷施咪鲜胺等杀菌剂杀菌消毒。

⑤ 搭拱覆膜：早稻搭竹拱盖膜保温，注意将膜边压入泥中防风雨；中晚稻搭无纺布防大雨。播种后清沟排水，早稻育秧保持排水口打开，中晚稻育秧前期保持厢沟有水。

⑥ 加强苗床管理：早稻育秧注意防寒保温，出苗前保持膜内高温高湿，适宜温度25～30℃，低温期间将薄膜盖严，晴天中午短期揭膜，浇水一次，保持土壤湿度和通风防病炼苗；在秧苗1叶1心后，秧厢两头注意揭膜通风，夜晚则盖好。2叶期开始炼苗，保持土壤干爽以促进根生长。膜内温度保持在20～25℃为宜，揭

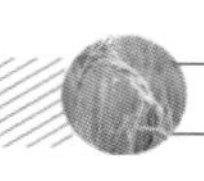

膜时间为2.5～3叶期。

中晚稻育秧注意提高出苗率和控高控根，摆盘后全秧田灌水使床土湿润，出苗至第一叶展开保持厢沟有水，以后干水，以旱管为主，控制秧苗不卷叶，缺水补水。中晚稻育秧为了控制苗高，可在第一叶展开至1叶1心期用15%多效唑可湿性粉剂50克/亩兑水喷施；至抛秧前2～3天浇水湿润秧厢，并可施用“送嫁药”“送嫁肥”。

（3）场地或旱地摆盘育秧：播种出芽后的秧盘还可在场地或旱地摆盘育秧，尤其适合中晚稻集中育秧，简要操作过程如下。

① 选地整平压实：选择旱地或旱田，摆盘前应除好草，整平压实土面；也可在硬化地面铺上碎木屑、岩棉等保水保湿材料后铺尼龙布等隔离层，再摆盘育秧。

干田除草压实整平

水泥地面铺碎木屑整平摆盘

② 喷药杀菌：摆盘前喷施咪鲜胺等杀菌剂杀菌消毒。

③ 摆盘：将播种催芽的秧盘，平铺排紧压实，中间开沟以利排水，留走道以利管理。摆盘前可先铺一层纱网或无纺布。

旱土除草压实整平摆盘

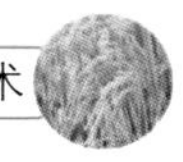

旱田整平摆盘育秧

④ 浇水：摆盘后将水浇透以利出苗，也可灌水使床土湿润。

⑤ 防护：盖遮阳网或无纺布，既防鸟害又防高温，以利出苗。

⑥ 苗床管理：出苗现青前，注意浇水保持床土湿润；第一叶展开后以旱管为主，控制秧苗不卷叶，缺水补水；中晚稻育秧为了控制苗高，可在第一叶展开至1叶1心期用15%多效唑可湿性粉剂50克/亩兑水喷施；抛秧前2～3天浇水湿润并施“送嫁药”“送嫁肥”。

四、水稻有序机抛秧秧田直接摆盘播种泥浆育秧技术

有序机抛育秧也可以在秧田直接铺盘，用泥浆作为床土播种育秧，流程如下。

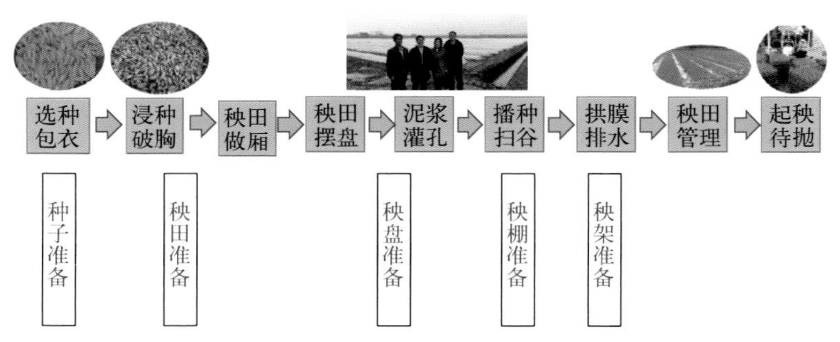

1. 准备秧田

选择背风向阳，土质疏松，肥力较高，排灌方便，无污染，杂草少的田块作为秧田。秧田应靠近抛秧田，地势平坦，便于操作管理，运秧方便。育秧田与大田比例 1∶(45～50)。

2. 精细打田

播种前数天提前上水并精细旋田（多旋几次），泥浆要细，耙田平地，然后沉田。旋田前可以施用一定量的复合肥及腐熟有机肥。

3. 做厢沉实

秧田应开沟做厢，畦面宽 1.4～1.5 米，沉实板面。

4. 撒施壮秧剂

在厢面均匀撒施水稻壮秧剂，也可在后面灌泥中施用壮秧剂。

5. 铺网(布)摆盘

播种前畦面可铺一层无纺布以防止取样时秧盘带泥，然后将秧盘排紧压实入泥。

6. 灌泥扫泥

将沟中混合好壮秧剂的稀泥灌入盘孔中，扫去盘上多余泥浆，稍加沉浆（2 小时至半天），沉浆后的泥层高度达到钵孔 1/2 左右。

7. 播种扫种

均匀播种，按先拍种后扫种的方式扫种入孔。当中晚稻育秧种子播量较少难以播匀时，可在种子中均匀混入一定量的已通过煮、炒失活的种子以扩大播种量，但要消毒防止发霉。

灌泥扫泥与播种扫种效果

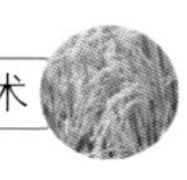

8. 杀菌消毒

盖膜前喷施杀菌剂如咪鲜胺、天达 2116、噁霉灵等防控绵腐病等病害，或用敌磺钠喷施厢面进行土壤消毒处理后再摆盘。

9. 做拱盖膜/盖网

早稻在播种后还需做拱盖膜；一季晚稻与晚稻盖无纺布或遮阳网防雨、防晒、防鸟。

10. 清沟排水

播种后清沟，早稻打开排水口，保持沟干，厢面湿润不积水；中晚稻保持厢沟有水，水不上厢面。

秧田直接摆盘播种泥浆育秧过程

11. 秧田管理

在保证出苗齐苗的前提下，早稻与再生稻育秧一般以湿润育秧管理为主，中稻和晚稻育秧一般以控苗旱管为主。

（1）播种至现青：早稻保持秧田厢沟畅通无水，厢面湿润无积水；中晚稻保持厢沟有水，厢面湿润无积水。发现盖膜或无纺布被风吹开应及时盖好。中晚稻在现青扎根至 1 叶 1 心期撤去覆盖物。连作晚稻育秧，在绿叶长出至 1 叶 1 心期，喷施 1～2 次多效唑控苗高。

（2）1 叶 1 心至 2 叶 1 心前期：

① 水分管理：旱管为主，保持厢面土壤湿润不积水；盘土不

发白；晴天中午秧苗不卷叶，缺水补水。

② 早稻揭膜炼苗：膜内温度不得超过 35 ℃，防止烧苗。晴天中午，秧厢两头注意揭膜通风，傍晚前则要盖好。秧厢过长的，在温度太高时，除了两头揭膜外，中间要开小天窗通气或间隔揭膜。以后逐步增加炼苗时间。

③ 防病杀虫：早稻播种没有消毒的以及发现病害的，喷施杀菌剂；晚稻播种没有用杀虫剂包衣或拌种的，喷施杀虫剂。

（3）1 叶 1 心（“断奶期”）：

① 施肥：一般不需施肥。秧床没有施肥的，每亩秧田施用尿素 1.5～2 千克作为“断奶肥”，可浇施浓度为 1%的尿素溶液 150～200千克/亩，再洒清水防肥害。

② 保湿：保持盘土湿润与秧苗不卷叶，缺水补水。

③ 早稻防寒：遭遇寒潮时盖好膜，灌水护秧；寒潮后如果突然高温，灌水护秧防立枯。

④ 早稻炼苗揭膜：炼苗分步进行，揭膜由少到多直至全部揭开。揭膜时间最好选晴天下午，揭膜前，厢沟内必须有水或浇透水，以防青枯死苗。揭膜后，如遇极端低温恶劣天气，还要继续盖膜。

（4）2 叶 1 心至 3 叶 1 心（抛秧期）：

① 排水搁田：2 叶 1 心后，排水搁田至厢面有细纹，厢沟不见水，人踩秧厢略显脚印。

② 秧田病虫害防治：使用吡蚜酮等防治稻蓟马；喷施咪鲜胺等杀菌剂或氢氧化铜、三乙磷酸铝防治绵腐病，喷施敌磺钠防治立枯病和青枯病，发病严重时可用药灌根控制。

③ 施“送嫁药”“送嫁肥”：抛秧前 2～3 天施“送嫁药”“送嫁肥”。

④ 干田揭盘起秧：起秧时秧田干燥，起秧后秧盘不带泥；钵土湿润，机器易拔秧，同时要防止起秧时掉秧。当秧田过分干燥时，起秧前 3 小时灌跑马水 1 次（半小时）。

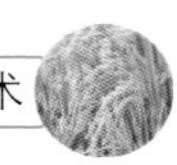

秧田直接摆盘播种泥浆育秧的秧苗

第四章　水稻机械有序抛秧大田栽培技术

一、抛秧前准备

1. 抛秧机的准备与调试

在抛秧前一周左右，检查抛秧机机油是否足够，是否需要更换，是否正常运行。若运行正常，则做好常规保养，在链条以及轴的连接处涂抹润滑油，保证链条和齿轮运行流畅；若运行不正常，则需要查明机器故障的由来并请维修师傅处理，同样应做好常规保养。

2. 运秧架及辅助运秧设备的准备

在抛秧前一周左右，根据秧田与大田的距离，一台抛秧机准备60～100个运秧架。由于一个运秧架只能装载5个秧盘，一台抛秧机一次能装载100个秧盘（20个运秧架），抛完一车秧仅需15～30分钟，所以要准备足够的运秧架周转。

在秧田与大田较近的田块，采用人工挑运的方式运秧，运秧距离近，且不用上转运车和下转运车，节省转运时间，因而需要60个左右的运秧架（20个在抛秧机上，20个在上秧处，20个在秧田和运秧路上）。

在秧田与大田较远的田块，采用拖拉机或三轮车等运秧，由于运秧距离远，且要上转运车和下转运车，转运时间长，则需要80～100个的运秧架（20个在抛秧机上，20个在上秧处，40～60个在秧田和运秧路上）。

3. 秧田排水

在抛秧前 3～7 天，做好秧田排水工作。为了保证秧苗的适抛性和起秧运秧效率，起秧时秧厢应较硬，脚不陷泥，而且秧钵中的泥土应较湿润，但不能有积水。

早稻和再生稻抛秧时间主要在 4 月中下旬，此时气温较低，且阴雨天气较多，所以要尽早排水，最好提前一周左右；一季晚稻和双季晚稻抛秧时期气温较高，为防止气温过高造成育秧钵中的泥土过干而青枯死苗，便于抛秧机取秧，一般在抛秧前 3 天左右排水。

当秧田过分干燥时，起秧前 3 小时灌跑马水一次（半小时）。

4. 大田整理

在抛秧前 0.5～3 天，准备好大田，做到田面无秸秆、前茬残物等，田平整，田间高低差不超过 5 厘米；泥要烂，表层有泥浆，土质黏重的田块，需要提前几天整田，待泥浆沉淀后再抛秧，以防秧苗抛入田里后秧苗被活泥吸入，影响禾苗生长和低位分蘖；但对土质偏沙质的田块，尽早抛秧，最好是边整田边抛秧，以防秧苗不易入泥，立苗缓慢。经过几个月养虾且田块较平的虾稻田可以免耕直接抛秧。

平田前，根据施肥要求施好基肥；平田后在大田四周开好围沟，有利于灌排水。抛秧时，大田保持无水或不超过 3 厘米的浅水层。水过深容易漂秧浮苗，过浅或无水会使抛秧机前进阻力加大。

5. 人员安排

在现有抛秧机条件下，一台抛秧机一般需要 7～8 个人配合工作，抛秧机上 3 个人（1 个开抛秧机，1 个放秧盘，1 个辅助放秧盘以及捡秧盘），运秧至少 2 个人（机器运秧多 1 个人），起秧 2 个人，以充分发挥抛秧机的作业效率。

二、水稻机械有序抛秧大田栽培关键技术

1. 适密抛栽

当秧龄和秧苗高度达到适抛阶段时，抓住晴天及时抛栽。抛栽时田面平整，田面水层最高不超过 3 厘米。

有序机抛秧采用精量播种，同时种植有序，田间通风透光性好，病虫害发生和倒伏风险相对较低，因此，可适当增加种植密度。双季稻适宜密植，不仅可减少空蔸，同时可使生育期提前，穗足穗齐，高产稳产。

抛栽密度根据品种类型和种植季别进行调整：早稻 2.2 万蔸/亩左右（55～60 盘），晚稻 1.9 万蔸/亩左右（50 盘左右）；一季稻 1.7 万蔸/亩左右（40 盘左右），再生稻 1.7 万蔸/亩左右（45 盘左右）。

采用宽行窄株或宽窄行抛栽，双季早稻采用 20～25 厘米行距，双季晚稻采用 25～30 厘米行距，单季稻采用 30 厘米行距，再根据密度调节株距；也可采用宽窄行抛栽。

为提高作业效率，可采用其他机械送秧到抛秧田；机器抛不到的边角区域，需采用人工手抛补足。

浏阳有序机抛早稻2.2万蔸/亩

浏阳有序机抛早稻1.4万蔸/亩

早稻有序机抛不同抛栽密度的群体差异

2. 合理施肥

抛秧稻应注意适当控氮增钾。抛秧稻前期起发快、分蘖多、扎根浅、易倒伏，其施肥原则：一是适当增施有机肥，以保证土壤平衡供肥，避免化学氮肥施用过多；二是施足基肥，以满足早期的养分供应，一般基肥占总施氮量的比例，双季稻为 50%～60%，中稻及一季稻为 50%左右；三是减少分蘖肥，有利于提高抛秧稻的分蘖成穗率和控制后期分蘖；四是适施穗肥，以促进幼穗分化，达到穗足、穗大、高产，一般穗肥施用量占总施肥量的 20%～30%，

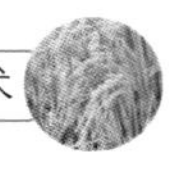

以晒田复水后或穗分化始期施用为宜。

采用配方施肥，氮、磷、钾平衡，根据产量目标和品种调整施肥量，并在增密基础上减氮施肥，一般：双季早、晚稻（籼稻）氮肥施用量为纯氮 8～11 千克/亩，按基肥：蘖肥：穗肥＝5：3：2分配；一季晚稻与再生稻头季（籼稻）氮肥施用量为纯氮 13～15千克/亩，按基肥：蘖肥：穗肥＝5：2：3 分配；粳稻相应增加30%左右用氮量。

按氮、磷、钾配比 1：0.5：0.8 确定磷、钾肥用量，磷肥作为基肥施用，钾肥 50%基施、50%作为穗肥。超高产条件下除增加氮、磷、钾肥外，还要增施中微量元素和有机肥。

（1）施足基肥：在大田翻耕或旋耕至平田前双季早晚稻每亩施用 45%的复合肥（N、P_2O_5、K_2O 各含 15%）25～40 千克；一季稻每亩施用 45%的复合肥（N、P_2O_5、K_2O 各含 15%）40～50 千克。有机肥作为基肥施用。

（2）适施蘖肥：双季早晚稻每亩施用尿素 5～8 千克；一季稻每亩施用尿素 8～10 千克。

（3）巧施穗肥：双季早晚稻每亩施用 45%复合肥 10～15 千克，或尿素 3.5～5 千克加氯化钾 5～8 千克；一季稻每亩施用复合肥 20～25 千克，或尿素 5～6.5 千克加氯化钾 8～10 千克，高档优质稻和容易倒伏的品种只施用钾肥。

3. 科学管水

稻田灌溉既满足了水稻对水的生理需求，创造了良好的稻田生态环境（水、肥、气、热），还为促控群体，创造高产群体结构打下了基础。

抛秧水稻根系入土浅，上深水后易漂秧，管水的基本原则是：皮水立苗，薄水促蘖，晒田控苗，水层孕穗，深水抽穗，湿润灌浆，断水黄熟。

（1）抛秧时：无水或浅水（1～3 厘米）抛秧，有利于快速扎根立苗。早稻和再生稻抛秧时，气温较低，田间水分蒸发慢，最好无水抛秧，有利于扎根立苗；在有风，即将下雨的天气，最好无水抛秧以利于扎根立苗，防止浮秧，防止秧苗被风吹到一团；黏重的土壤保水性好，可以无水抛秧，有利于扎根立苗。一季稻和晚稻抛秧时，气温较高，田间水分蒸发快，可以浅水抛秧，防止在立苗前被晒死；田块不太平整的，也要浅水抛秧，防止高处的秧苗被晒死；沙质土保水性差，浅水抛秧，有利于扎根立苗。

切忌深水抛秧，一是容易漂秧，机器运行过程会搅动水，秧苗在田间杂乱无章，甚至成团；二是不利于扎根立苗；三是遇大风大雨天气，秧苗会被吹到田块的一头。

（2）立苗期：抛秧后 2～3 天，根据水稻的扎根立苗情况、气温以及田间土壤的情况选择是否灌水。一般抛秧后 2～3 天内不进水，以利于立苗。抛秧后如遇大雨，应将田水排干，严防积水漂苗。若秧苗扎根立苗情况好，气温较高，田块较干，则可以灌浅水，一是促进秧苗的生长，二是抑制较小杂草特别是稗草生长。灌水一定要浅水慢灌，切忌快放满灌。

（3）分蘖期：分蘖期田间以浅水和湿润为主。抛栽秧根部入土较浅，分蘖早、节位低，宜灌浅水，才能有利于水稻分蘖（分蘖早、快），充分发挥低节位分蘖成穗的作用。应掌握前水落干后再灌后水，做到后水不见前水。

当苗数达预计有效穗的 85%左右时断水搁田，并转入晒田，一是为了控制无效分蘖，提高成穗率；二是为了改善稻田土壤环境，促进根系生长，提高水稻群体的抗倒抗逆性能；三是为了促进营养生长向生殖生长转化。晒田坚持“苗到不等时，时到不等苗”的原则。晒田先轻后重，要晒到土面细裂、田面“脚踏不下陷，见缝不见白”，叶片挺立、叶色转淡、分蘖消退后方可复水。

抛秧稻苗发苗快又多，往往比常规手插稻多 30%左右。晒田一定要适度才能有效地控制无效分蘖，提高成穗率。抛秧稻田晒田程度要因田、因苗、因肥而异：黏重田、低洼田重晒；沙质田、高田轻晒或不晒；肥田重晒，瘦田轻晒或不晒；苗过旺重晒，苗弱轻晒或不晒。

（4）孕穗期：经晒田分蘖消退后水稻转入生殖生长阶段，需要

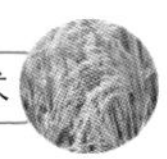

复水促进幼穗分化、施穗肥和进行病虫害防治。幼穗分化期是水稻一生中需水最多的时期，对环境变化也十分敏感，所以这一时期必须灌深水养穗。

（5）抽穗扬花期：此期茎叶繁茂，又要出穗扬花，对水分的需求量依然很大，因此，抽穗扬花期应该灌深水，一是可以促进水稻的抽穗及扬花；二是可以在一定程度上抵抗高温或低温等极端天气的危害，提高结实率。

（6）灌浆结实期：由于晒田复水以来，长期灌水保持水层，土壤通透性变差，氧气不足，影响根系生长，易早衰，但这一时期又不能缺少灌浆结实所需要的水分，因此应实行间歇灌水，使稻田处于干湿交替状态。一是保持土壤的沉实硬板，有利于机收；二是保持土壤的透气性，以气养根，提高抗倒及抗衰老能力；三是有利于壮籽。一般采用灌水后使其自然落干，再灌水、落干，交替进行，直至黄熟期或收获前 7～10 天断水。

4. 防控病虫草害

（1）除草：首先利用机抛优势控草，做到抛秧时田平，方便水分管理，同时抛秧足盘足苗不漏蔸，分蘖早促进创建繁茂的群体抑制杂草滋生，对杂草基数大的稻田实行水旱轮作，适时耕翻，提前诱发灭草铲埂清沟，净种去杂等。

其次是进行必要的化学除草：①第一次除草，在抛秧后 2～3 天（返青后），将水稻抛秧除草剂按用量均匀混拌在尿素中，与分蘖肥同时施用。在杂草很严重的区域，应使用丙酸苄酯、丙草胺或五氟磺草胺进行一次封闭除草。②第二次除草，在第一次除草后 10～15 天，根据田间的杂草多少程度进行，适量使用氰氟草酯和苯达松等，干田喷施，2～3 天后灌深水灭草。

（2）病虫害防治：分蘖期最常见的虫害是二化螟，可使用乙多·甲氧虫、甲维·甲虫肼、阿维·甲虫肼、氯虫苯甲酰胺（抗性水平高的地区慎用）等防治二化螟；最常见的病害是纹枯病，可使用苯甲丙环唑或己唑醇等防治纹枯病。幼穗分化期最常见的虫害是二化螟和稻苞虫，可使用乙多·甲氧虫、甲维·甲虫肼、阿维·甲虫肼或甲氨基阿维菌素苯甲酸盐+氯虫苯甲酰胺等防治；最常见的病害是稻瘟病和纹枯病，稻瘟病可使用三环唑、春雷霉素+稻瘟灵、吡唑嘧菌酯等防治，纹枯病可使用苯甲丙环唑、吡唑醚菌酯或井冈霉素A等在水稻破口前5～7天防治。抽穗灌浆期最常见的虫害是稻飞虱和稻纵卷叶螟，可使用烯啶·吡蚜酮、三氟苯嘧啶、吡蚜酮或呋虫胺等防治稻飞虱，使用甘蓝夜蛾核型多角体病毒、氯虫苯甲酰胺、茚虫威、甲氨基阿维菌素苯甲酸盐+虫螨腈或虱螨脲等防治稻纵卷叶螟；最常见的病害是稻曲病，可在破口前7～10天（剑叶环与倒二叶的叶环相平或称叶枕平）、破口前5～7天施药的基础上，再使用苯甲丙环唑、吡唑醚菌酯或己唑醇等在水稻抽穗期防治一次。

5. 适时收获，适温干燥

水稻收割时期的确定不仅要考虑稻谷的成熟度，还要考虑连茬作物播种和天气变化情况。一般南方双季早稻谷粒黄熟达85%、中稻和晚稻90%黄熟时，应及时抢晴收割。

收割后的稻谷要分品种干燥和储藏，晒稻谷做到薄摊勤翻，烘干做到温度适宜，使谷粒干燥均匀。稻谷干燥的标准，应达到安全储藏的含水量，即籼稻低于13.5%、粳稻低于14.5%。对于优质水稻，还要求在竹晒垫上薄晒勤翻或低温烘干，防止稻米在暴晒或高温烘干时爆腰断裂，降低整精米率。

三、大田分阶段管理技术

1. 抛栽立苗期

（1）整地：在抛秧前0.5～3天，耕耙大田，做到田面无秸秆、前茬残物等，田要平整，泥要烂，表层有泥浆。土质黏重的田块待泥浆沉淀好后再抛秧，对土质过沙的田块可在整田后抛秧，经过几个月养虾且田块较平的虾稻田可以免耕直接抛秧。

（2）施基肥：平田前根据要求施好基肥，即将全部有机肥和磷肥、1/2的钾肥与1/2的氮肥作为基肥施用，一般双季早晚稻每亩施用45%的复合肥25～40千克，一季稻每亩施用45%的复合肥

40～50 千克。

（3）平田：施肥后平田，使田面高低差不超过 5 厘米。平田后在大田四周开好围沟，有利于灌排水。抛秧时，大田保持无水或不超过 3 厘米的浅水层。

（4）适密抛秧：选择无雨少风天气抛秧，田间湿润无明水或浅水（1～3 厘米）抛秧。抛栽密度一般早稻 2.2 万蔸/亩左右（60 盘左右），晚稻 1.9 万蔸/亩左右（50 盘左右），一季稻 1.5 万蔸/亩左右（40 盘左右），再生稻 1.7 万蔸/亩左右（45 盘左右）。建议双季早稻采用 20～25 厘米行距，双季晚稻采用 25～30 厘米行距，一季稻采用 30 厘米行距，株距则根据抛栽密度和行距确定。

（5）管水：抛秧后保持浅水或田间湿润，但抛秧后如遇大雨则应将田水排干。若秧苗扎根立苗情况好，气温较高，田块较干，则灌浅水。

2. 分蘖期

（1）除草施肥：机抛秧返青立苗快，应抓住有利时机尽早施肥促蘖和除草。抛秧后 2～3 天（返青后）可灌水施分蘖肥，一般一季稻每亩施用尿素 8～10 千克，双季早晚稻每亩施用尿素 5～8 千克。施肥的同时施用除草剂，一般采用水稻抛秧除草剂按用量均匀混拌在尿素中，与分蘖肥同时施用。在杂草严重的区域，应使用扫茀特或五氟磺草胺进行一次封闭除草。

（2）管水与晒田：分蘖期以浅水和干湿灌溉为主，当苗数达到预期有效穗数的 85%左右时断水搁田或晒田，控制分蘖发生，使禾苗叶色由青转黄（淡）。

（3）病虫害防治：根据病虫测报或田间病虫害发生情况，及时用杀虫剂［乙多・甲氧虫、甲维・甲虫肼、阿维・甲虫肼、氯虫苯甲酰胺（抗性水平高的地区）等］防治二化螟，用杀菌剂（苯甲丙环唑或己唑醇等）防治纹枯病。

3. 长穗期

（1）施穗肥：晒田复水后（幼穗分化始期）立即施穗肥，一般双季早晚稻每亩施用 45%复合肥 10～15 千克，或尿素 3.5～5 千克加氯化钾 5～8 千克；一季稻每亩施用复合肥 20～25 千克，或尿素 5～6.5 千克加氯化钾 8～10 千克；高档优质稻和容易倒伏的品种只施用钾肥。

（2）水分管理：浅水或湿润灌溉促进幼穗分化，孕穗期灌深水养穗。

（3）病虫草害防治：在第一次除草后 10～15 天，根据田间杂草的多少，适量使用氰氟草酯和灭草松等，干田喷施，2～3 天后灌深水灭草。

破口前 5～7 天用杀虫剂［乙多·甲氧虫、甲维·甲虫肼、阿维·甲虫肼、氯虫苯甲酰胺（抗性水平高的地区）］防控二化螟，用杀菌剂（苯甲丙环唑、吡唑醚菌酯或己唑醇等）防控稻瘟病、纹枯病、稻曲病。注意及时防控迁飞性害虫，如稻纵卷叶螟和稻飞虱。

4. 抽穗灌浆期

（1）水分管理：灌深水以促进抽穗扬花、抵抗极端天气的危害，提高结实率；灌浆期实行间歇灌水，使稻田处于干湿交替状态，促进灌浆结实。

（2）病虫害防治：始穗期用杀虫剂（吡蚜酮、甲氨基阿维菌素苯甲酸盐＋虫螨腈）防控稻飞虱和稻纵卷叶螟等虫害，用杀菌剂（苯甲丙环唑、吡唑醚菌酯或己唑醇等）防控稻曲病等病害。

5. 成熟收获期

收获前 7～10 天断水，当籽粒黄熟达到 85％～90％时，选择适宜天气收获。收割后的稻谷及时烘干或晒干。优质水稻适宜低温烘干，防止稻米在暴晒或高温烘干时爆腰断裂，以提高整精米率。

主要参考文献

初江，2018. 水稻钵体育苗机械移栽技术［M］. 哈尔滨：黑龙江科学技术出版社.

湖南省市场管理监督局，2015. 秧盘播种流水线　DB43/T 1014—2015［S］.

湖南省市场管理监督局，2017. 水稻有序抛秧机　DB43/T 1295—2017［S］.

湖南省市场管理监督局，2020. 水稻有序机抛秧育秧技术规程　DB43/T 1732—2020［S］.

匡莉，郭栋梁，2018. 水稻高速有序抛秧技术的推广前景分析［J］. 时代农机，45（6）：186.

汪友祥，彭洪巽，2018. 2ZP-13 型水稻有序抛秧机的研发与推广［J］. 农业机械（11）：87-89.

夏倩倩，张文毅，纪要，等，2019. 我国机械抛秧技术与装备的研究现状及趋势［J］. 中国农机化学报，40（6）：201-208.

张洪程，戴其根，霍中洋，等，2008. 中国抛秧稻作技术体系及其特征［J］. 中国农业科学，41（1）：43-52.

图书在版编目（CIP）数据

水稻机械有序抛秧栽培技术手册 / 唐启源等编著
. —北京：中国农业出版社，2020. 8
ISBN 978 - 7 - 109 - 26368 - 0

Ⅰ. ①水… Ⅱ. ①唐… Ⅲ. ①水稻栽培—机械化栽培
Ⅳ. ①S511

中国版本图书馆 CIP 数据核字（2020）第 129594 号

中国农业出版社出版
地址：北京市朝阳区麦子店街 18 号楼
邮编：100125
责任编辑：冯英华 廖 宁
版式设计：王 晨 责任校对：吴丽婷
印刷：北京缤索印刷有限公司
版次：2020 年 8 月第 1 版
印次：2020 年 8 月北京第 1 次印刷
发行：新华书店北京发行所
开本：880mm×1230mm 1/32
印张：2
字数：80 千字
定价：18. 00 元
